AF438685

CONJECTURES

PHYSICO-MECHANIQUES

SUR

LA PROPAGATION

DES SECOUSSES

DANS LES TREMBLEMENS

DE TERRE,

Et sur la disposition des Lieux qui en ont ressenti les effets.

Tange montes...... & conturbabis eos. *Pf.*
143. V. 6. & 7.

D3
Zd 618

M. DCC. LVI.

CONJECTURES

PHYSICO-MECHANIQUES

SUR

LA PROPAGATION

DES SECOUSSES

DANS LES TREMBLEMENS DE TERRE,

*Et sur la disposition des Lieux qui en ont
ressenti les effets.*

PRÈS avoir donné, comme Citoyen, les premiers mo-mens aux réflexions mora-les qu'inspirent naturelle-ment les terribles catas-trophes que la Nature en tourmente nous offre de toutes parts ; j'ai médité en Physicien sur les principales cir-constances de ces Phénoménes si éten-dus, si multipliés, & sur le méchanis-me de ces commotions désastreuses, qui se transmettent à des distances im-

A ij

menfes, & qui femblent affecter de s'é-
lancer de l'extrêmité de l'Europe à l'autre, de l'Equateur au Pole, pour porter prefqu'en même tems l'allarme & la
défolation dans des régions éloignées.

Cette fimultanéité de commotion *
vous paroît, me dites-vous, indiquer
des phénoménes liés enfemble par une
correfpondance de tems trop marquée
& trop conftante, pour qu'ils ne foient
pas les effets d'une feule & même caufe.
Mais, d'un autre côté, la vafte étendue
que l'on eft forcé de donner à l'action
de ce principe, vous allarme, & vous
détermine prefque à le multiplier dans
tous les endroits où les fecouffes fe font
fait fentir.

Envifageant la difficulté de faire difparoître ces contradictions au moins
apparentes, & de trouver un dénouement raifonnable qui conciliât l'unité
du principe avec l'étendue de fon action, j'ai laiffé parler les faits, comme
une fource féconde de lumiére &
d'inftruction, & comme un moyen très-

---

* Le Tremblement de terre s'eft fait fentir à
la même heure dans des endroits éloignés de
plus de trois à quatre cens lieues, & dans les mêmes jours, comme nous le verrons par le détail
de ces événemens tiré des nouvelles publiques.

capable de fixer nos idées fur l'objet de votre curiofité & de mes recherches. Ainfi les principaux événemens, confignés dans les papiers publics jufqu'au 30 Décembre 1755, m'ont fourni la combinaifon de tous les agens dont j'ai cru entrevoir le jeu dans la propagation de ces fecouffes, qui ont parcouru de fi vaftes continens.

Comme les faits feuls & ifolés n'annoncent rien que de vague, je me fuis cru permis de les interpréter en les rapprochant. Leur difcuffion, leurs rapports mutuels, leur enfemble m'ont fait naître l'idée du méchanifme que je vais vous expofer.

Vous favez, Monfieur, que notre globe eft fillonné à fa furface par plufieurs grandes chaînes de montagnes, qui fe lient & s'uniffent dans chaque continent, & qui ont une correfpondance très-marquée d'un continent à l'autre. Ces chaînes embraffent, tant par leurs troncs principaux, que par des ramifications collatérales, prefque toute l'étendue de la furface du globe que nous connoiffons. Les montagnes qui forment les tiges principales, font les plus

* _Varenn. Geograph. general. de montibus, & Hift. natur. tom._ 1.

confidérables , & par leur hauteur,
& par leur maffe. Elles occupent & tra-
verfent ordinairement le centre des
continens. Pour s'en convaincre , fans
voyager au loin , il fuffit de jetter les
yeux fur nos meilleures cartes, d'y fuivre
le cours des grands fleuves, & la diftribution générale des eaux dans les différentes parties de la terre. Les riviéres fe
portant toujours des lieux élevés vers
les lieux bas , & des croupes des
montagnes vers les côtes de la mer ;
parce qu'elles ont befoin d'une pente
pour favorifer l'écoulement des eaux
qu'elles charient ; c'eft une conféquence naturelle que la direction des fommets , & des chaînes allongées foit marquée par cette fuite de points où les
fleuves viennent prendre leur fource ,
& par cet efpace qu'ils laiffent vuide
entre eux , en fe diftribuant à droite &
à gauche.

C'eft une obfervation auffi conftante
que les Ifles qui avoifinent les continens , & qui bordent leurs rivages, fe
trouvent dans la direction des chaînes
principales, ou des branches collatérales dont nous venons de parler. Les petites ifles ne font proprement que la
continuation des fommets de ces chaî-

nes, dont les pointes font affez élevées pour paroître fur la fuperficie des eaux. Ceux qui ont moins de hauteur, forment des bas-fonds & des écueils, ou des roches à fleur d'eau.

On retrouve dans les ifles qui ont une certaine étendue, des appendices de ces fommets montueux conftamment affujettis à l'alignement des chaînes qui ont traverfé les continens. Vous pouvez-vous convaincre auffi par plufieurs indices frappans que les Ifles même éloignées correfpondent aux chaînes qui s'abaiffent fous l'eau : les Journaux des Navigateurs font pleins d'obfervations qui les atteftent. Vous remarquerez entre les continens & ces ifles, des bas - fonds, des mers vertes, des écueils, & même d'autres petites ifles, qui vous tracent fenfiblement la route que fuivent les chaînes marines & dont les ifles éloignées ne font que les parties les plus éminentes & plus élevées que le niveau de la mer.

Vous avez vu dans les Mémoires de l'Académie des Sciences de 1710, le détail d'une opération de M. le Comte de Marfigly, qui établit cette prétention d'une maniére inconteftable. Ce Sçavant laborieux s'eft affuré de l'existence d'une de ces chaînes continuées sous la mer depuis les côte de Provence jusqu'aux isles Saint Honorat. En portant la sonde dans l'étendue du golphe de Lyon, comprise entre le cap Sissé & le cap d'Agde, il découvrit que le fond de la mer étoit sillonné par une éminence suivie de la terre ferme aux isles correspondantes, & conclut des résultats de ses sondes, que ces pointes de terre élevées au-dessus des eaux étoient une continuation de la côte & des Alpes, qui s'abaissent sous la Méditerranée. C'est d'après ces principes & d'après l'observation de ces bas-fonds, de ces parages remplis d'une infinité d'herbes marines qui annoncent des mers peu profondes, des pointes de rochers à fleur d'eau, des vigies, que M. Buache * a figuré la direction que suivent sous l'eau certaines chaînes principales, & sur tout celles qui sont entre l'Amérique & l'ancien

* Consultez la carte sur l'isle de Noronha, & celles qui se trouvent dans le Recueil qui accompagne les Considérations Géographiques. J'ai vû il y a quelques années, chez cet habile Géographe, le détail des ramifications des montagnes de la France ; il seroit à désirer qu'il le publiât, on pourroit suivre plus aisément l'exposition que j'en fais dans la suite.

Monde, & qui réuniſſent les deux continens depuis les côtes d'Afrique juſqu'à
celles du Breſil & de la Nouvelle Angleterre.

Il eſt encore d'autres objets qui mé-
ritent notre attention ; ce ſont les
montagnes de moindre hauteur, qui
naiſſent de ces chaînes principales ; elles ſemblent être des branches qui par-
tant de ces troncs, étendent leurs rameaux à droite & à gauche. Ces montagnes diminuent inſenſiblement de
hauteur à meſure qu'elles s'éloignent de
leur tige, & vont mourir, ou ſur les côtes de la mer, ou dans des pays plats.
Cette dégradation, qui commence au
centre des continens où elles s'adoſſent
aux troncs principaux, éprouve quelques irrégularités & quelques interrup-
tions, & elle ſe termine enfin par des
collines. La ſurface de ces terreins,
qui témoignent une pente plus ou
moins rapide, paroît être diſpoſée pro-
portionnellement aux différentes couches ou lits concentriques au globe ;
& ces couches ont une tendance marquée à s'appuyer ſur la baſe & ſur les
croupes des montagnes principales,
leſquelles ſont formées de noyaux de
carriéres, ou de couches de terre in-

clinées vers les différentes directions des rameaux.

D'après cet exposé, vous entrevoyez déja, Monsieur, l'influence que ces maffes, placées en bon ordre fur la fûrface de notre globe, pourront avoir dans le méchanifme de la propagation des fecouffes, que j'effaie d'établir. Pour fuivre avec plus d'aifance & de fûreté, les démarches de la Nature, fixons nos regards fur le cours de ces chaînes, leurs liaifons, leur diftribution, leur dépendance réciproque.

Prévenus de ces confidérations nous jetterons maintenant un coup – d'œil éclairé fur notre globe. Ce qui attire d'abord notre attention, ce font ces maffes énormes & ces chaînes étendues qui féparent l'Italie de la France & de l'Allemagne. Les Alpes font les plus hautes montagnes de l'Europe ; puifque, fuivant notre principe, il en fort une quantité de grands fleuves qui voiturent leurs eaux fur les divers plans inclinés, qui doivent s'étendre depuis les fommets de ces montagnes jufqu'aux différentes mers éloignées, où ils ont leurs embouchures. Le Pô qui fe rend dans la mer Adriatique ; le Rhin qui fe perd dans les fables en Hollande ; le Rhône

(11)

qui se précipite dans la Méditerranée ;
& enfin le Danube qui va chercher au
loin la mer Noire, après avoir traversé
l'Allemagne : ces quatre principaux
fleuves, dis-je, qui portent le tribut de
leurs eaux dans des mers si éloignées,
prennent leurs sources au pied des montagnes de S. Godard.

Si nous parcourons les autres parties
du monde, nous trouverons en Asie le
mont Taurus qui s'étend sous différens
noms jusqu'aux montagnes de la Chine
& de la Tartarie ; en Afrique le mont
Atlas & les monts de la Lune ; dans l'A-
mérique l'énorme chaîne des Cordilléres. Voilà les troncs principaux des différens continens : examinons leur cours.
Suivez-le d'Occident en Orient, vous
verrez les Pirenées, les Cévenes, les
Montagnes de la Suisse, celles de la
Hongrie, de la Turquie d'Europe, &
de la Russie, présenter une continuité
de sommets qui ne font que l'exten-
sion des Alpes : enforte que les Alpes, prises dans toute leur étendue,
forment une chaîne suivie qui traverse l'Europe de l'Ouest - Sud - Ouest
à l'Est - Nord - Est. Cette chaîne commence à sortir de l'eau au détroit
de Gibraltar, & arrive aux Pirenées

après avoir traversé l'Andalousie, la Castille & la Navarre. De-là elle se continue dans le Languedoc, dans l'Auvergne, dans le Vivarais, dans le Forêt, sépare l'Italie de la France, traverse la Suisse, se rend en Allemagne, borde la Hongrie, se répand, d'un côté dans toute la Turquie d'Europe, d'un autre va courir dans les régions glacées du vaste Empire des Russes.

Passons en Asie, nous appercevons ce beau continent tout sillonné par le mont Taurus, qui commence sur les bords de la mer du Levant, & se porte jusqu'aux Indes ; de-là gagne les montagnes de la Chine & celles du Japon. Il se lie au mont Caucase, qui étend ses vastes branches dans la Tartarie jusqu'au Kamkhatka.

Si nous revenons au détroit de Gibraltar, nous trouvons en Afrique le mont Atlas, qui traverse le continent entier d'Occident en Orient, depuis le Royaume de Fez & de Maroc jusqu'à l'Égypte ; d'un autre côté il se joint au mont Amedede, qui commence au cap Bajador, &court jusques dans la Libye, suivant une direction parallele au mont Atlas. Une chaîne se détache de celle-ci, traverse le Sara ou Désert, & va rejoindre les hautes montagnes du Monomotapa, par le centre de l'Afrique. La longue chaîne des Cordilléres commence au détroit de Magellan, traverse le Chili & le Perou, s'insinue dans l'isthme de Panama, & va étendre ses branches dans la nouvelle Espagne & le Mexique.

Non seulement vous trouverez, Monsieur, dans tous ces différens continens, les sommets de montagnes liés ensemble, mais vous remarquerez une correspondance mutuelle, & une disposition relative dans les chaînes d'un continent à l'autre. Ainsi celle de l'Espagne passe sous l'eau au détroit de Gibraltar, & va gagner le mont Atlas. Celui-ci se continuant par l'isthme de Suez, va rejoindre le mont Taurus. La chaîne de la Hongrie & de la Turquie d'Europe, s'unit aux montagnes de l'Asie, en traversant la mer par l'Archipel, & par les détroits de Constantinople & des Dardanelles.

Mais, outre ces troncs principaux, il faut aussi considérer attentivement les ramifications collatérales * qui leur

* Je n'entrerai sur celles-ci que dans le détail dont j'ai besoin pour leur faire l'application des faits qu'il est question d'expliquer.

font adoffées, & qui s'en détachent comme les branches d'un tronc. Ainfi la chaîne de montagnes qui traverfe l'Efpagne, a plufieurs branches qui s'é-tendent en tous fens fur les côtes de la mer, vers l'Occident & l'Orient ; les unes fe difperfent dans le royaume des Algarves, le long des côtes jufqu'en Galice, & les autres dans celui de Gre-nade.

La chaîne continuant aux Pirenées, jette plufieurs branches à droite & à gauche dans le Languedoc ; une de cel-les ci fe porte par Tarbes, Auch, Ba-zas jufqu'à Bordeaux : du Languedoc elle gagne le Vivarais, l'Auvergne & le Forêt. En Auvergne il fe détache deux branches, dont l'une court par l'Orléa-nois & la Beauce en Normandie, & l'au-tre par le Soiffonnois & la Picardie en Artois ; & traverfant le détroit fous l'eau entre Calais & Douvres, elle fe répand en Angleterre. La branche de Picardie fe ramifie au-deffous de Cam-brai, paffe à Mons & à Bruxelles.

Revenons à la chaîne du Forêt, & nous lui verrons étendre quelques bran-ches dans la Bourgogne, dans la Fran-che-Comté, & dans la Breffe. Le tronc principal gagne la Suiffe & les Grifons ;

il traverſe la Souabe , la Franconie, le Brandebourg , le Duché de Brunſwic, le Holſtein , & aboutit aux côtes de la mer Baltique. Mais cette mer n'oppoſe pas des barriéres que ces chaînes ne puiſſent traverſer. La chaîne du Holſtein , après avoir diſparu, & s'être un peu abaiſſée ſous le Sund, reparoit en Norwege, en Dalecarlie & ſe continue par l'Iſlande en Groenland.

Les ſommets élevés de Hongrie, ſous le nom de Crapack , vont gagner la Moldavie, jettent des branches en Bulgarie, dans la Romanie , &c. Les Alpes du Tirol forment des ramifications dans le Piemont & le Milanois , & dirigent leurs diverſes ramifications par la Carinthie, la Macédoine, juſqu'à l'Archipel, qu'ils traverſent ſous l'eau comme les pointes innombrables des iſles dont eſt parſemée cette mer , nous l'indiquent.

Une branche des Alpes coupe le milieu de la preſqu'iſle d'Italie dans toute ſa longueur, ſous le nom d'Appennin, & une ramification qui ſe porte à l'éperon de la botte, vers Porto-Greco, après avoir traverſé la mer Adriatique & la République de Raguſe, gagne ſous l'Archipel, Smirne & l'Aſie Mineure.

(16)

Les montagnes de Hongrie forment
aussi une branche qui se porte dans la
Pologne & la Moscovie ; elle joint les
monts Riphées, qui s'étendent depuis
la mer Blanche jusqu'à la Tartarie, &
que les Moscovites regardent comme
une ceinture de pierre qui enveloppe
le globe entier : dans cette idée ils les
appellent * *Veliki Kameny-poyas* (*ma-*
gnum cingulum lapideum.)

La chaîne d'Espagne se réunit au
mont Atlas, comme nous l'avons vû,
en traversant le détroit de Gibraltar ; le
mont Altas va gagner sous l'eau au cap
Bajador les Canaries, qui communiquent elles-mêmes à Madere & aux
Açores, & au cap Blanc le isles du cap
Verd. Toutes ces isles ne font que
des cones ou pyramides élevées comme
le pic de Teneriffe dans l'isle de Fer, le
pic de S. Georges dans l'une des Açores.
La route de la chaîne, qui se continue
sous l'eau pour réunir ces isles, est tracée par des roches, quelques bancs de
sable, & une file de petites pointes assez
suivie depuis les Canaries jusqu'à la
Nouvelle Angleterre, à Terre-neuve &
même au Groenland en passant par les

* *Varenn. Geogr. general. de montibus*, Prop.
VI.

Açores, & des Açores aux Lucayes & aux Antilles. La plupart de ces ifles ne font proprement que les pointes les plus élevées de la chaîne, & celles qui ont une certaine largeur, font féparées en deux parties par une éminence très-marquée, qui les traverfe dans la direction des autres ifles, & qui en diminuant de hauteur depuis le centre jufqu'à leurs extrémités de part & d'autre, indique des appendices de la chaîne dont ces maffes élevées font partie, & qui paroît s'abaiffer infenfible-ment fous les eaux.

Tout ce détail étant fuppofé bien conçû & envifagé fous ce point de vû de correfpondance & de liaifon, qui fe rencontre prefque toujours, & dans les ouvrages de la Nature, & dans le mé-chanifme qu'elle adopte ; il eft facile de vous faire concevoir en deux mots, comment les montagnes concourent à la propagation des fecouffes dans les tremblemens généraux. *

* Je ne parle ici que des tremblemens qui embraffent une grande étendue de la furfa-ce de la terre : il faut les diftinguer de ces tremblemens locaux qui ne fe portent qu'à de très-petites diftances, & dans une circonférence de terrein. Ce n'eft pas ici le lieu d'expliquer la raifon de ces diftinctions.

Les chaînes des montagnes tant principales que collatérales dont je viens
de donner le détail, me paroiſſent
être une file de Billes plus ou moins
élaſtiques, placées ſur une même ligne
& qui ſe touchent immédiatement l'une
& l'autre. Un amas de matiéres inflammables qui ſe trouve renfermé dans
le ſein d'une des chaînes de montagnes principales par les efforts & l'action de ſes exploſions violentes, pouſſe
& tend à écarter les maſſes qui lui réſiſ-
tent, & les files de montagnes qui viennent aboutir à ſon foyer peu profond ;
il leur communique néceſſairement par
l'expanſion des matiéres inflammables
& par la dilatation des vapeurs, des
commotions, qui, en vertu de la liaiſon
& de la correſpondance de toutes les
chaînes, ſe tranſmettent par voie de
retentiſſement, avec une vîteſſe & une
activité très-grandes.

Maintenant que vous avez une idée
ſuccinte du Méchaniſme que j'eſſaie
d'établir pour propager les ſecouſſes à
des diſtances conſidérables & preſque
dans le même temps, & que vous entrevoyez l'uſage que je prétends faire
de tout cet échafaudage des chaînes
de montagnes & de leurs ramifications :

je vais vous expofer quelques principes fimples , à l'aide defquels vous
pourrez vous guider dans la maniére
dont vous ferez jouer toutes ces maffes agitées par l'explofion des feux fou-
terrains.

PREMIER PRINCIPE

*Un levier agité par une de fes extrémi-
tés & fixé de telle forte qu'il éprouve des
commotions dans toute fa longueur , exé-
cute des vibrations plus étendues dans les
parties les plus éloignées de l'extrémité qui
a reçu l'impreffion de la fecouffe.*

Secouez un arbre , les branches font
dans une agitation très - grande pendant que la commotion du tronc ne
lui fait exécuter aucune vibration bien
fenfible. Les fecouffes des maifons
occafionnées par une pefante voi-
ture qui ébranle le pavé , augmen-
tent d'étendue dans les étages plus
élevés , enforte que les agitations font
plus marquées au troifiéme étage
qu'au fecond , & au quatriéme qu'au
troifiéme.

COROLLAIRE.

Un levier très-long peut être ébranlé d'une maniére plus marquée vers une de ses extrémités par une force peu considérable appliquée à l'autre, qu'un levier très-court ne le seroit par un agent bien plus puissant. Cependant si le levier s'allongeoit beaucoup ou s'il étoit dans une direction peu favorable, les vibrations ne croîtront pas comme sa longueur.

SECOND PRINCIPE

Le mouvement de commotion & de retentissement communiqué dans des corps solides & élastiques se transmet aux corps intimement unis aux premiers, lorsqu'ils ont la même solidité & la même élasticité : enforte que si les corps animés d'un mouvement de commotion ne trouvent pas de résistance, ils ne transmettront que de foibles secousses.

La réaction des corps élastiques choqués, augmente considérablement & double même quelquefois l'énergie du corps choquant. Vous sçavez que si un boulet de canon vient à frapper des corps élaſtiques & durs, comme des murs de grès, il tranſmet ſon mouvement à une plus grande profondeur & cauſe des déſaſtres plus étendus dans les fortifications.

TROISIÉME PRINCIPE.

Le mouvement communiqué par voie de retentiſſement & de commotion à une file de corps ſe fait ſentir d'une maniére plus marquée à ceux qui terminent la file : enſorte que les maſſes qui occupent le milieu & qui ne peuvent ſe déplacer ne ſervent proprement que comme des moiens de communication d'un mouvement qu'elles n'éprouvent pas ſenſiblement. Mais ce mouvement cauſe un déplacement très-marqué dans les parties iſolées & non ſoutenues qui ſont à l'extrémité de la file des corps choqués : car toute la force qui anime ſucceſſivement & preſque ſecrettement les maſſes intermédiaires vient s'épuiſer contre les extrémités.

On place des billes d'ivoire égales ſur une même file, avec une de ces billes qui termine la file, on frappe la ſeconde, le mouvement de commotion paſſe dans toutes les billes ſans les déplacer ; mais lorſqu'il eſt parvenu à la derniére, il la détache des autres avec une force presque égale à celle qui a été imprimée à la seconde bille.

Vous avez des expériences journaliéres de ces déplacemens de corps isolés & situés à l'extrémité de longs leviers frappés par l'autre. Lorsqu'un carosse passe rapidement dans la rue, le pavé & les murs de votre appartement par le moien desquels se communique le mouvement de retentissement ne vous paroissent pas avoir une agitation marquée ; mais vos meubles isolés, les carreaux des fenêtres qui jouent produisent un cliquetis qui vous étourdit & vous incommode. Appliquez votre main à l'extrémité d'une poutre, faites frapper l'autre extrémité à grands coups de massue, votre main se détachera de la poutre, quelques efforts que vous fassiez pour l'y fixer.

Vous prévenez maintenant l'application de ces principes aux chaînes de montagnes que j'ai considérées, comme des leviers ou comme une file de billes posées sur la surface du globe, & capables par leur disposition de recevoir les commotions d'un volcan peu profond & non ouvert & de les transmettie à une très-grande distance.

1°. Si une explosion violente fait éprouver un mouvement de commotion à un tronc de nos chaînes principales, vous comprenez aisément (par le premier principe) que l'agitation sera bien plus grande, & le déplacement beaucoup plus considérable dans les extrémités des branches collatérales, (troisiéme principe); & qu'en un mot les vibrations augmenteront d'étendue vers les extrémités. Car les chaînes de montagnes sont de longs leviers qui transmettent fidélement à leurs ramifications les commotions qu'elles ont reçues, surtout lorsque (par le second principe) elles sont capables de résistance, par la solidité & l'élasticité des matiéres qui les composent.

2°. Vous voyez aussi clairement (suivant le second principe) par quelle raison la commotion une fois transmise à une chaîne, ne doit se communiquer que par le moien des ramifications auxquelles cette chaîne est intimement unie. Car leur masse est composée de matiéres d'une élasticité, & d'une solidité très-favorable à cette propagation. Les branches collatérales qui seroient formées par des amas de sables mouvans, ou des couches d'ar-

giles & de terres fans confiftance, ne
recevront pas alors d'une maniére bien
fenfible les effets de la commotion.
Ces circonftances qui fe rencontrent
affez fouvent ferviront à expliquer
pourquoi les fecouffes des Tremblemens de Terre ne fe tranfmettent pas
par une action marquée aux extrémités de toutes les branches, mais feulement à quelques-unes. L'action d'une
chaîne principale fur ces branches s'a-
mortira (fecond principe) faute d'une
difpofition affez favorable pour la recevoir. Mais remarquez que les troncs
principaux font affez généralement for-
més par des files de rochers très-durs,
très - maffifs, très-élaftiques, qui font
proprement la fonction de nos billes,
vû qu'ils font capables par leur réaction de recevoir le mouvement de commotion, & de le tranfmettre à des diftances très - grandes fans interruption. *

* Les fonds qui féparent quelquefois une fuite
de fommets élevés, ne doivent pas produire une
interruption dans la propagation du mouvement :
car les mêmes matiéres fe continuent en bon ordre dans les vallons, & forment des deux croupes de montagnes que le vallon femble féparer,
un corps folide, & auffi capable de tranfmettre
la commotion, que fi le vallon étoit rempli.

Vous

Vous pouvez vous procurer à vous-même en petit, ce spectacle que la nature nous offre en grand, avec des traits qui nous font toujours ressouvenir de la majesté de ses opérations, & de la supériorité de ses agens sur nos foibles imitations. Choisissez une certaine étendue de terrein sur lequel vous ferez disposer plusieurs files de pavés ou de pierres engagées dans la terre, de telle sorte qu'elles forment des sommets proéminens sur la surface. Les intervalles de ces petites chaînes seront remplis ou de sable mouvant ou d'une terre sans consistance & non compacte : les rangées de pierres aboutiront à une espéce de foyer commun, où vous renfermerez un mélange de limaille de fer & de souffre. Il est d'expérience que l'explosion du foyer se transmettra seulement par les files de pavé ; vû que le feu peut exercer son action contre des corps capables d'une résistance aussi grande que les parois du foyer même ; & le mouvement de commotion & de rétentissement ébranlera considérablement les petites masses qui terminent les branches du pavé.

Il est donc établi par ce principe

& par la ftructure, l'organifation & la difpofition des montagnes, que leurs chaînes font les feules parties de la furface de la Terre, capables de recevoir d'un volcan, des mouvemens de retentiffement & de commotion, & de communiquer les fecouffes à leurs branches collatérales fuivant la folidité de leur noyau, & la direction plus ou moins favorable à l'explofion. Il fuit que les impreffions des fecouffes qui partent d'un foyer ou même de plufieurs en même temps ne doivent pas diminuer d'intenfité, à mefure qu'elles s'étendent par les chaînes qui leur correfpondent, auffi confidérablement que fi la commotion ébranloit la maffe de la Terre environnante. Car fi l'action du Volcan agitoit toute la maffe de la circonférence qui l'enveloppe, le mouvement diminueroit comme la maffe augmenteroit. Le cas eft tout différent dans le méchanifme de là propagation des fecouffes que j'expofe ici. La commotion fe diftribue à droite & à gauche par les feules chaînes de montagnes. C'eft un mouvement non - feulement imprimé à l'extrémité d'un levier qui ne tient qu'en partie à la maffe du globe, mais encore communiqué par

ce levier, c'eſt-à-dire, par une ſuite de
corps élaſtiques & durs. Or la longueur
de la file de nos rochers élaſtiques, ne
produira pas dans le mouvement qui
en anime ſucceſſivement toutes les parties une diminution bien rapide; en ſup-
poſant d'ailleurs dans les matiéres qui
compoſent les chaînes, aſſez de reſſort
pour recevoir & tranſmettre avec undé-
chet peu conſidérable, les commotions
qu'un agent enflammé leur imprime.

3°. La derniére conſéquence que
nous tirerons de nos principes, eſt trés-
importante pour le méchaniſme que
nous adoptons ; les extrémités des chaînes de montagnes, je veux dire, les re-
mifications collatérales adoſſées aux
troncs principaux, doivent éprouver
les plus violentes ſecouſſes. Car (par
le premier principe) les vibrations y
ſont plus étenduès. Les déplacemens
doivent y avoir lieu, (par le troiſié-
me principe) puiſque ces maſſes ſont
à l'extrémité d'une file de corps qu'anime un mouvement de retentiſſement ;
& qu'étant iſolées & non-ſoutenues,
elles concentrent en elles toute l'action
des ſecouſſes qui ſe portent ſuccef-
ſivement ſur une grande maſſe, & qui
viennent épuiſer ſur elles ce qui leur

reſte d'énergie. C'eſt la derniére bille qui ſe détache de toutes les autres qui compoſent la file, avec une force à peu près égale à celle avec laquelle la premiere à choqué la ſeconde.

Ce méchaniſme a une application trop marquée aux événemens funeſtes qui ont porté la déſolation dans quelques parties de l'Europe & de l'Afrique, pour ne pas ſoupçonner qu'il ſoit celui de la nature.

Vous concevez maintenant, Monſieur, que ſi le foyer s'eſt trouvé ou aux Açores ou dans quelques-unes des Iſles Canaries * comme à Madere, toute la chaîne qui aboutit ſous l'eau des

---

* Je place le foyer dans les Açores ou dans les Canaries ; parce que ces pointes de terre, & ſurtout Tercere & Saint-Michel, ont ſouvent éprouvé de ces cataſtrophes terribles, la plupart brûlant depuis pluſieurs ſiécles. Le pic de S. Georges fume continuellement. Il y a des montagnes de ſouffre, & les matiéres inflammables y ſont abondantes. Ces iſles en 1591, éprouvérent d'affreuſes ſecouſſes ; & il eſt à préſumer qu'en 1531, c'eſt-à-dire, ſoixante ans auparavant, époque de la déſolation de Lisbonne & de Santarein, dont parle Paul Jove, elles étoient ſujettes à ces ébranlemens funeſtes, & qu'elles ont pu auſſi faire reſſentir par contre-coup les mêmes commotions à ces villes infortunées. En 1614 il y eut un tremblement de terre à Tercere, & ci

Isles Açores jusqu'aux Canaries, & qui s'étend ensuite dans l'Afrique & en Espagne, comme nous l'avons vu, a dû éprouver l'action des explosions

1624 un autre à Saint-Michel. Ce dernier produisit une isle d'une lieue & demie de long ; & comme les matiéres inflammables trouvérent une issue, les explosions n'ont pas dû se propager vers les chaînes qui lient ces isles à notre continent. Quelques Physiciens pensent qu'il est très-vraisemblable que les Açores sont des restes de cette terre absorbée par les eaux, qui formoit une grande isle auprès des Colonnes d'Hercule, plus grande que l'Asie & la Libye prises ensemble, & qu'on appelloit Atlantide. Elle fut abismée & bouleversée sous les eaux, après un grand tremblement de terre. (*Voyez* *Platon dans le Timée.*) Les noyaux des chaînes qui traversoient cette isle, doivent être restés sous les eaux, & se joindre à différens continens.

Par rapport aux Canaries, le pic de Teneriffe dans l'isle de Fer, est toujours brulant, ainsi que bien d'autres. Ces pics renferment dans leur sein le souffre, le bitume, & d'autres matiéres inflammables. Comme ils sont composés de rochers entassés & entr'ouverts, les eaux y forment des amas, y occasionnent des fermentations violentes, des dilatations de vapeurs capables, par leur expansion, de communiquer aux chaînes qui leur correspondent, la commotion la plus vive. Il y a aussi une montagne auprès de Fez, sur les côtes de l'Afrique, qui jette continuellement des flammes : ainsi le foyer est probablement dans quelques-uns de ces endroits.

du foyer. L'ébranlement fe fera fait fentir en conféquence, par voie de communication, dans les ramifications de
la chaîne qui fort de l'eau vis-à-vis les
Canaries & qui va gagner le Mont
Atlas. Comme cette chaîne aura été
difpofée d'une maniére plus favorable
à la direction des fecouffes & des commotions, les Villes fituées vers l'extrémité des branches collatérales adoffées
au Mont Atlas, auront éprouvé les
défaftres les plus affreux. Or, tel eft
la fituation des Villes de Fez, de Mé-
quinez, de Maroc, de Salé, de Sainte-
Croix, de Tetuan, de Tanger & de
tous les endroits de l'Afrique qui ont
effuié la défolation (a) des fecouffes
les plus violentes.

(a) Le premier Novembre 1755, on reffen-
tit à Maroc un affreux tremblement de terre, à
la même heure qu'en Efpagne. A huit lieues de
cette ville la terre s'eft ouverte. . . . . . Dans les
villes de Saffia & de Sainte-Croix, on a éprouvé
les mêmes fecouffes. . . . . . Les tremblemens de
terre du 18 & du 19 du même mois, ont ruiné
la plus grande partie des édifices des deux villes
de Fez, & la fameufe ville de Mequinez. On a
reffenti dans cette partie de l'Afrique de conti-
nuels mouvemens de la terre & on a été allarmé
par des bruits fourds. Maroc & Salé ont été com-
prifes dans le défaftre. Le 18 on éprouva auffi à

La Commotion se sera transmise ensuite au delà du Détroit & aura causé
des désastres très-grands sur les parties
isolées des côtes, comme dans le Royaume de Grenade , dans l'Andalousie ,
dans les Royaumes des Algarves, de Portugal & même dans la Castille, (*b*) car la

Tetuan un second tremblement de terre (le premier étoit du premier Novembre) ; il continua
jusqu'à l'après-midi du jour suivant. Le 20 à
deux , à cinq, à neuf heures du matin & à midi,
il recommença avec la même force. Le même tremblement s'est fait sentir à Tanger, & les
secousses y ont été plus ou moins violentes par
intervalles. *Gaz. de France.*

(*b*) Les secousses ont été plus violentes à Gibraltar que dans tous les autres endroits de la
côte ; une partie de la montagne voisine du port
s'est écroulée sur la ville. Il y a eu aussi quelque
dommage à Malaga, petite ville maritime du
Royaume de Grenade sur la Méditerranée. La
mer a ruiné Conil, petit port à cinq lieues de
Cadix vers le Sud. On éprouva le premier Novembre à Cadix, sur les dix heures du matin,
une forte secousse ; & à onze heures la mer
s'eufla considérablement. Seville, capitale de
l'Andalousie, a beaucoup souffert du tremblement du même jour. On essuya aussi ce jour-là
à dix heures vingt minutes à Madrid une commotion violente, qui dura huit minutes ; plusieurs édifices ont été lésardés. Les secousses ont
été très-fortes à l'Escurial , où elles commencè-
rent à dix heures dix minutes. *La proximité des*

chaîne traverfe ce Royaume & y jette quelques branches. Le Tremblement n'a pas dû fe porter dans les Provinces méridionales parce qu'elles ne font pas parfemées de montagnes. Je foupçonnerois que les fecouffes ont pu fe tranfmettre en même temps à Lifbonne & à Setuval par une chaîne qui peut s'y rendre directement fous l'eau ou de Madére ou des Açores ; (c) & les re-

montagnes (ajoute la Gazette), donnant lieu de craindre que, s'il furvenoit un nouveau tremblement de terre, les fecouffes ne fuffent plus dangereufes qu'à Madrid, la Cour quitta cette Maifon Royale. Le tremblement de terre s'eft fait fentir dans toute l'Efpagne, excepté en Catalogne, & dans les Royaumes d'Arragon & de Valence. Barcelone n'a rien reffenti ; mais il n'y a prefque aucune partie du Royaume des Algarves & de Portugal qui ne fe foit reffentie des effets du tremblement. Les villes de Porto, de Saintarem, de Guimeraëns, de Bragance, de Viana, de Lamego, d'Elvas, de Villa-real, de Coïmbre, ont été très-endommagées. Il n'eft plus refté aucun veftiges de Setuval, & Lisbonne a éprouvé le plus grand défaftre, à la même heure que les villes de l'Afrique, & le même jour. Plufieurs montagnes, entr'autres l'Eftrella, l'Arrabida, le Marvan, le Monte Junio ont été fortement ébranlées; quelques-unes fe font entr'ouvertes ; les riviéres fe font enflées.

(c) Un navire Hollandois, fe trouvant à une lieue & demie du mont Zizambre, & à fept ou

tentiſſemens oppoſés qui ſe tranſmettent en même temps par deux leviers différens, ont du cauſer ces commotions irrégulieres, qui abbattent & renverſent les édifices & qui entr'ouvrent la ſurface de la Terre. On pourroit auſſi ſoupçonner l'action de différens leviers dans la partie de l'Afrique la plus maltraitée.

Mais en même temps que ces ſecouſſes ſe ſont fait ſentir en divers endroits de l'Eſpagne, le mouvement de retentiſſement, quoiqu'affoibli, a pu ſans doute ſe continuer par les Pirénées & porter des commotions ſenſibles dans la Guienne & même juſqu'à Angoulême. (d) L'ébranlement ſe ſera tranſmis par les Cévenes en Auvergne, & par les branches collatérales

huit lieues de *Setuval*, l'Equipage ſentit une ſecouſſe violente, pluſieurs gros rochers ſe détachérent du mont, qui ſe fendit. Le navire ſentit encore pluſieurs ſecouſſes juſqu'au coucher du ſoleil. Un autre navire Anglois a eſſuyé le huit Novembre, à plus de ſoixante lieues des côtes de Portugal, une violente ſecouſſe.

(d) On eſſuya à Bordeaux le premier Novembre une ſecouſſe qui dura quelques minutes. Le même jour proche Angoulême, après un bruit ſouterrain, la terre s'eſt entr'ouverte. Il y a eu des mouvemens dans les eaux de la Charante.

décrites ci-deſſus (e) en Normandie, au Havre & près de Caen ; en Flandre, à Bruxelles (f), en Hollande (g) ; il aura traverſé lé détroit de Calais, & ſe ſera annoncé dans quelques endroits de l'Angleterre. (h)

(e) Le premier Novembre, vers les onze heures, lés bâtimens qui étoient au port du Havre, parurent s'agiter. A Bléville, lieu éloigné d'une lieue du Havre, à Gainneville, ſitué à trois lieues du même port, on remarqua un balancement dans les eaux des mares de ce canton, aſſez ſenſible. L'oſcillation de l'eau a été du Nord au Sud, (direction de la branche de montagnes qui y a communiqué la commotion.) Les eaux de la riviére d'Orne, qui paſſe au pont d'Ouilly près d'Harcourt, & au midi de Caen, ont été auſſi agitées le même jour, ainſi qu'un étang. Une fontaine, qui avoit jetté une grande quantité d'eau & qui avoit probablement épuiſé le réſervoir de ſa ſource, a tari pendant deux jours, après lequel tems elle a repris ſon cours ordinaire.

(f) La nuit du 26 au 27 Décembre, il y a eu à Bruxelles deux ſecouſſes de tremblement de terre, peu violentes.

(g) Le premier Novembre, vers les onze heures du matin, l'air étant fort calme, les eaux des canaux d'Amſterdam parurent tout à coup violemment agitées. L'impétuoſité de la commotion emporta de côté & d'autre divers bâtimens attachés. Les ſecouſſes ne ſe font fait ſentir que par les eaux.

(h) En divers endroits de la Grande Bretagne

Le mouvement de commotion qui animoit les montagnes de l'Auvergne, se sera transmis dans la Bresse & dans la Franche-Comté (*i*) ; & après avoir franchi les montagnes de la Suisse, aura retenti contre les eaux du lac de Constance, se sera répandu dans la Souabe, (*k*) la Franconie, le Brandebourg, la Hongrie (à Treplitz), le Duché de Brunswic (*l*), le Holstein

on a remarqué dans les eaux la même agitation que dans l'Allemagne, en Hollande, en Italie & en Normandie. On a senti à Irton, dans le Duché de Cumberland, une secousse.

(*i*) Le 9 Décembre, à deux heures trois quarts après-midi, il y a deux secousses à Bourg-en-Bresse ; l'on a senti une légére commotion à Besançon, & dans d'autres villes de la Franche-Comté.

(*k*) Il y a eu le 9 Décembre une secousse de tremblement de terre dans la Franconie, dans la Souabe & dans le Brisgau. La même secousse s'est fait sentir en Suisse, & a produit une agitation extraordinaire dans les eaux du lac de Constance.

(*l*) Le premier Novembre, vers les onze heures & demie, le tems étant calme, les eaux des lacs Netzo, Muhlgast, Roddelin & Libbesé, situés à douze lieues de Berlin & à trente de la mer Baltique, bouillonnérent avec un mugissement effroyable : peu après elles s'élevérent & se répandirent dans les campagnes voisines, &

(*m*) fur les côtes de la mer Baltique (*n*), & au-delà même du Sund en Dalicarlie.

La fecouffe tranfmife aux Alpes fe fera rendue fenfible dans les ramifications du Piemont & du Milanois, & fur les côtes. (*o*)

. Si nous revenons aux Açores, & aux Canaries, en les fuppofant le foyer, le retentiffement a dû fe faire fentir à Terre-neuve, à la Nouvelle Angleterre

rentrérent enfuite. Ces flux & reflux fe repétérent fix fois dans une demi-heure.

(*m*) On a remarqué le premier Novembre une agitation extraordinaire dans quelques riviéres, & particuliérement dans celles d'Eider & de Stouhr. Les eaux, même celles des étangs, font montées à une hauteur extraordinaire. Les trois luftres de la principale Eglife de Rendsbourg, ville du Holftein, ont paru agités. A Emshorn, à Branftadt, à Kellenghenfem & à Melldorff, on a obfervé les mêmes phénoménes. On a effuyé en Dalicarlie des fecouffes qui ont agité les eaux de plufieurs lacs.

(*n*) On a effuyé diverfes tempêtes fur la côte de Dantzick, dans les premiers jours de Novembre.

(*o*) On a fenti à Milan le premier Novembre & le 9 Décembre des fecouffes d'un tremblement de terre. Le dernier a été plus violent : on a remarqué en plufieurs endroits un mouvement dans les eaux.

& aux Lucayes. Car il y a des Açores à
ces terres, des chaînes de communication.

Remarquez, Monsieur, que les commotions ont été fort légéres dans toute
la France, l'Allemagne, l'Angleterre,
l'Italie ; vû l'extrême affoiblissement
que le mouvement de commotion a dû
éprouver dans la longueur & les détours
du trajet. Aussi, comme l'eau peut
être mûe par l'agitation la plus légére,
les secousses n'ont pû se faire remarquer
que sur ce liquide. Et cet affoiblissement, cette dégradation dans les vibrations portées à de certaines distances, malgré la situation la plus favorable
des extrémités des branches, indiquera
toujours un seul & même principe de
commotion.

Par ce détail, vous comprenez aisément, Monsieur, la raison de cette si-
multanéité de commotion qui vous sur-
prenoit, à la premiére nouvelle que je
vous donnai de la correspondance marquée, qui se trouvoit dans le tems où
les secousses s'étoient fait sentir en
différens endroits des extrémités de
l'Europe. Vous voyez maintenant que
j'étois fondé à vous dire, que ces commotions, qui avoient parcouru une si

grande étendue de pays, en fe rendant
fenfibles dans les uns, fans fe faire remarquer dans d'autres moins éloignés,
avoient été tranfmifes par voye de retentiffement & de communication.

Pour arriver à la véritable caufe des
phénoménes, il eft effentiel d'expofer
les faits, & de les revêtir de leurs principales circonftances. C'eft ce que j'ai
exécuté jufqu'à préfent ; & vous avez
pû vous convaincre que le détail des
effets quadre très-exactement avec les
caufes. Mais, fi nous remontons dans
les fiécles paffés, nous trouverons parmi
les détails des cataftrophes dont ils ont
été témoins, des circonftances qui viennent à l'appui de notre hypothefe. Les
Anciens nous parlent de tremblemens
de terre, qui non-feulement fe font
fait fentir à des diftances très-étendues,
mais dont les portions de la terre, fil-
lonnées de montagnes, ont été les théatres affreux.

Pofidonius, cité par Strabon (*lib.* 1.)
rapporte que Sidon fut endommagée
par un tremblement de terre qui parcourut toute la Syrie, province toute
parfemée de montagnes ; il s'étendit
jufqu'aux ifles Cyclades qui ne font,
comme nous l'avons vû, que la conti-

nuation du Taurus fous les eaux de l'Archipel, & en Eubée où paffe cette chaîne. La plupart des villes de la Syrie furent encore détruites par un tremblement en 1182, & la terre s'ouvrit dans la campagne de Lépante.

Pline rapporte (*cap. 84. lib. 1.*) que dans un tremblement de terre, deux montagnes s'élançoient d'une maniére fenfible l'une contre l'autre, & fe retiroient enfuite. La commotion violente de ces maffes ébranlées par un feu fouterrein, détruifit tous les bâtimens où elle put retentir.*

Ammien Marcellin rapporte que du tems de Valentinien, il y eut un tremblement de terre qui s'étendit dans tout le monde connu. (*Lib. 26. cap. 14.*)

L'Auteur d'un ouvrage qui a pour titre : *de miraculis Sancti Stephani*, & atribué à S. Auguftin, parle d'un tremblement de terre qui renverfa cent villes (ou villages) dans la Libye. (*Tom. 7.*) Nous avons vû l'Atlas y jetter plufieurs branches.

En 1626 les tremblemens de terre de la Pouille fe communiquérent à Ra-

---

* *Namque duo montes inter fe concurrerunt crepitu maximo adfultantes recedentefque, eo concurfu villæ omnes elifæ. (Cap. 83. lib. 1.)*

gufe & de là à Smirne. On a remarqué que cette route eft tracée par des
montagnes.

En 1692 il y eut un tremblement de
terre qui s'étendit en Angleterre, en
Hollande, en Flandres, en France &
en Allemagne. Il fe fit fentir, ainfi que
celui de 1755, principalement fur les
côtes de la mer. Mais, ce qui eft très-dé-
cifif pour nous Ray, ajoute comme une
circonftance obfervée par tout, que le
mouvement fut confidérable dans les
pays coupés de montagnes. (*Ray's dif-
courfes, pag. 272.*)

Il y eut cette même année le 7 Juin
à la Jamaïque, un des plus affreux
tremblemens de terre dont on ait
éprouvé les effets. Celui de l'Europe,
qui dura peu, n'en auroit-il pas été
l'effet & le contre-coup ?

Les fecouffes d'un tremblement de
terre, qui parcourut prefque toute l'I-
talie en 1702 & 1703, fe proménérent
à Norcia, dans l'Abruzze, pays conti-
gus & fitués au pied de l'Appenin, à Rome, & le long de la chaîne de montagnes jufqu'à Gènes. (*Mémoires de l'Académie 1704.*) Il paroit que les matiéres enflammées fe font annoncées dans différens endroits ; mais les commotions ont

toujours dû fuivre les maffes de montagnes qu'elles ont pu ébranler.

Le Pérou, où les commotions font fi
fréquentes, nous fournit les mêmes
preuves. Les villes qui en ont éprouvé
les funeftes effets, font les unes à l'extrémité des collines qui bordent la
mer du Sud, & qui font adoffées à la
longue chaîne des Cordilleres rem-
plie de volcans; & les autres à l'extrêmité des montagnes de moienne
hauteur. Telle eft la fituation de Pifco,
ville célébre, ruinée par un Tremblement de Terre en 1682; de Lima &
de Callao où les fecouffes font fi fré-
quentes & produifirent de fi funeftes
défaftres en 1746. les ravages s'éten-
dirent à Arequipa, à Cavalla, à Gua-
napé, aux villes de Chancay & de
Guaura, dans les vallées de la Barran-
ca, de Supé & de Petivilca. Le foyer
d'où partoient les commotions qui fui-
virent exactement les montagnes, comme vous voyez par ce détail, fe de-
céla par un Volcan qui creva dans le
même temps à *Lucanas* & qui jetta
une grande quantité d'eau. Il en créva
auffi trois autres dans la montagne ap-
pellée *Converfiones de Caxa Marquilla*,
fitué à une très-grande diftance de
Lima.

Le pays de Quito , Latacunga , Riobamba, le Corregiment de Cuenca environnés de montagnes toutes cré-vaſſées ſont ſujets à des ſecouſſes fré-quentes & déſaſtreuſes. Les villes de la Conception & de Santiago , placées à l'extrémité des branches des Cordilleres ont beaucoup ſouffert des Tremble-mens de Terre. (Voyez le Voyage du Pérou de Ulloa) &c.

J'ai eu lieu de ſuivre avec attention les démarches des Tremblemens de Terre qui ont couru en 1753 & 1754, depuis Conſtantinople & aux environs juſqu'au Caire par Smirne, & j'ai re-marqué que tous ces endroits étoient liés par des montagnes. Le principe de ces retentiſſemens étoit peut - être ſous l'Archipel , où il y a eu tant de fois de nouvelles Iſles produites du temps de Pline, de Sénéque , & en 1707 le 27 Mai , auprès de Santorin.

Ces faits qui rentrent avec tant de juſteſſe dans le plan ſyſtêmatique que je vous ai expoſé juſqu'ici, ont auſſi été interprétés par les autres Phyſiciens en faveur de leurs hypothéſes. Ce ſe-roit donc ici le lieu de les diſcuter : mais je ne rappellerai que les explica-tions formées pour expliquer comment les fecouffes & les commotions qui parcourent une grande étendue de pays, font tranfmifes d'une maniére fenfible. Quelques Phyficiens ont prétendu que les matiéres inflammables non-feulement formoient dans le fein de quelques cavernes des amas confidérables, mais que ces amas étoient liés enfemble par des fillons très-étendus, qui fe ramifioient dans les entrailles de la terre.

Mais tout ceci eft fuppofé fans fondement ; & le feul befoin d'explication lui donne de la réalité. Ces traînées de matiéres propres à fermenter & à prendre feu, ne font prouvées par aucune obfervation. La nature s'occuperoit-elle à remplir des mines & à former des traînées de poudre ? Doit elle copier le travail de nos tranchée ? S'il y a interruption dans les traînées, la propagation eft interrompue ; & d'ailleurs peut-on croire que les amas ayent acquis en même temps le même degré d'inflammabilité ? Toutes fuppofitions gratuites.

Selon quelques autres Phyficiens, les matiéres inflammables forment à de certaines profondeurs, de grands amas qui fermentent & prennent feu, & qui par leur inflammation produifent une quantité d'air très - confidérable. Cet air produit par le feu eft dans un degré de raréfaction très-grand ; il cherche des iffues pour s'échapper, & fe précipite avec toute l'impétuofité que lui donne fon reffort, dans les cavernes fouterraines que lui préfentent les entrailles de la Terre. Au défaut de ces routes, l'amas des matiéres inflammables dans fes explofions, lui en ouvrira, en foulevant la terre à une hauteur confidérable. La terre étant foulevée le terrein qui avoifine fe divife horifontalement, l'air fe dilate, s'échape, va dilater d'autre air & ébranle les endroits qui lui réfiftent, en parcourant toutes les iffues fouterraines de proche en proche.

Cette explication n'eft pas exemte de difficulté. L'air fe refroidit autant qu'il échauffe celui qu'il rencontre. Cependant il eft néceffaire qu'il conferve une activité de reffort très - puiffante, tant pour s'étendre par les iffues qu'on veut bien lui ouvrir, que pour produire des fecouffes & des commotions. Comment la raréfaction de l'air fe foutiendra-t-elle à des diftances auffi confidérables ? Les cavernes ou fentes hori-

fontales produites par le foulevement
de la terre dans le foyer, doivent
s'ouvrir en tout fens, comme les
rayons d'une circonférence, dont le
foyer occupe le centre ; & l'air qui s'é-
chaperoit par ces iffues devroit fecouer
la terre dans un efpace femblable à
l'aire d'un cercle. Pourquoi les fecouffes fuivent-elles donc conftamment les
montagnes? Il auroit fallu faire voir que
les commotions font affujéties à cette
direction, parce que les cavernes font
ouvertes fuivant celle des montagnes;
à quoi il ne paroît pas qu'on ait encore
réfléchi. Quoiqu'il en foit de cette maniére de rectifier cette hypothéfe, à
quelle prodigieufe hauteur le foyer
ne devroit-il pas foulever la terre, pour
ouvrir à l'air des routes qui s'étendif-
fent à cent lieues, fi les routes ne font
formées !

A ces difficultés oppofons la facilité
de trouver le dénouement des principales circonftances des Tremblemens
de Terre étendus, par le méchanifme
que nous propofons aux Phyficiens.

On voit par le détail des faits :

1°. Que les pays parfemés de chaînes de montagnes font expofés aux fecouffes, & nous offrent en différens

temps les cataftrophes les plus terribles & les défaftres les plus étendus,
comme la Syrie, la Libye, la Barba-
rie, l'Efpagne, l'Italie, le Pérou.

2°. Les lieux adoffés aux chaînes de
montagnes ou placés à l'extrémité des
branches collatérales éprouvent les
commotions les plus violentes ou les
plus fenfibles. Par une fuite de cette
obfervation, les Tremblemens de Terre font attachés à certains lieux plu-
tôt qu'à d'autres, & ont, après un cer-
tain temps, des reprifes dans les mêmes
endroits. La Ville d'Antioche a été
abimée du temps de Trajan, en 528
une feconde fois, en 588 une troifiéme. Conftantinople, Smirne, Sidon en
Syrie, Norcia & les Villes des environs en Italie, les Villes du Pérou
dont on a vu le détail, Lifbonne enfin n'ont-elles pas éprouvé les plus
affreux bouleverfemens en différens
fiécles ? Or, la difpofition des montagnes qui les ébranlent eft affez conftamment la même ; mais les eaux qui
forment les cavernes fouterraines ne
peuvent-elles pas les remplir ? Et la
communication eft dès lors interrompue
ou pour l'air qui fe détend, ou pour
les traînées de matiéres inflammables.

3°. Certains pays très-proche: de:
endroits les plus maltraités n'éprouvent pas la plus légére commotion,
pendant que d'autres plus éloignés en
ressentent les effets. Cette observation
assez décisive est fortifiée par cette autre: que les endroits préservés font plats
& ne communiquent point aux chaînes.
On voit par là, que les pays plats ne
feront pas les théatres des désastres
que produisent les Tremblemens de
Terre généraux : & que ceux que les
secousses vont chercher à une grande
distance font liés par des montagnes.
Pourquoi ces endroits qui font proches
des autres ne participeroient-ils pas
aux secousses, si leur propagation s'exé-
cutoit par la masse de la Terre indis-
tinctement ? Nous voyons la Catalogne, le Royaume d'Arragon & de Va-
lance préservés des commotions qui
ont parcouru la Castille & les Provinces méridionales & qui se font même
transmises en Allemagne. Les tremblemens fuivent une certaine bande de
terre décrite par les chaînes.

4°. Les Tremblemens de Terre ont
lieu pendant un temps calme & serein.
La commotion ne se transmet donc
pas par le moien d'un air agité, ni par

l'expansion des matiéres inflammables.

On observa que le temps étoit calme à Rome le 2 Février 1703 ; & les Nouvelles publiques ont remarqué cette circonstance pour tous les lieux où les secousses se sont fait sentir.

5°. Dans les endroits où la terre s'ouvre on ne voit ni feu ni fumée, la fumée que l'on croit voir n'est produite que par la poussiére qui s'éleve, lorsque la terre éprouve des bouleversemens. Cette remarque est de Dom Juan de Ulloa ; elle a été faite à Lisbonne, & par l'équipage du Navire Hollandois lors de la chute du Mont Zizambre.

6°. Les secousses quoiqu'instantanées s'exécutent par différentes reprises très-marquées ; ce qui annonce un mouvement de commotion & de retentissement.

7° La plupart des secousses produisent un balancement qui porte les objets capables d'oscillation du Nord au Sud ou vers d'autres points de l'horison. Je pense que la direction des oscillations n'est pas plus constante que la direction des leviers qui communiquent le retentissement. En 1703, le 2 Fév. à Rome les vibrations des lampes des Eglises furent du Nord au Sud , direction

tion de l'Appennin. En 1688, à Smirne
le mouvement fut de l'Eſt à l'Oueſt, direction de la chaîne qui y aboutit. Les
oſcillations des eaux en Normandie,
ont été du Nord au Sud, diſpoſition de
la branche collatérale qui s'y ramifie.
Si l'on fait attention aux ſecouſſes, on
ſe convaincra que les vibrations ſont
conſtamment dirigées ſuivant la longueur du levier qui en eſt le principe.
Ces mouvemens de vibration ne peuvent être produits par un air dilaté qui
s'échappe irréguliérement & ſouvent
dans des directions contraires, ni par
des matiéres enflammées qui ſoulevent
des maſſes & les écartent en tout ſens.

8°. Certaines ſecouſſes ſont irréguliéres, précipitées, bruſquées & ſuivies
d'un grand déſaſtre ; d'autres ſont ré-
guliéres, s'exécutent par des repriſes aſſez ſenſibles & ſe bornent à un ſimple balancement. Ce méchaniſme s'ex-
plique facilement. L'action des ſecouſſes ſe porte par voie de retentiſſement
à l'extrémité des branches, où les maſſes animées par le mouvement, cédent
de proche en proche, & éprouvent des
vibrations plus ou moins étendues ſuivant l'énergie de l'impreſſion & la quantité de terre qu'il faut déplacer. Si les

C

maſſes obéiſſent également, & qu'elles puiſſent ſe rétablir avant une nouvelle ſecouſſe, il y aura un ſimple balancement. Mais ſi les maſſes n'obéiſſent pas également & qu'elles ſe défu-
niſſent, parce que les retentiſſemens les
animent avec des forces différentes, ou
parce qu'une partie ſeulement peut ſe
prêter au déplacement, dès-lors la terre
s'ouvre, ſe fend. & ſe bouleverſe. Il
en eſt de même, ſi, avant que les maſſes
ayent pu ſe rétablir, de nouvelles ſecouſſes qui ſe ſuccédent par des repriſes bruſquées & irréguliéres, viennent
les heurter & y produire des ébranlemens qui ne ſoient pas iſochrones : le
retentiſſement ſe diſtribue alors irréguliérement ſur toutes les parties d'un
tout qui chancele, ſe défunit & tombe
en débris. On éprouvera les mêmes déſaſtres, ſi le retentiſſement aboutit au
même endroit par différentes branches
de montagnes dont les impreſſions
s'entrechoquent.

9°. Le Gentil dans ſes Voyages, tom.
1. p. 172, obſerve que ſi la caverne, où
il prétend que le feu ſouterrain eſt renfermé, va du Septentrion au Midi, &
que la longueur des rues s'étende du

Nord au Sud, les édifices ſont renver-
ſés ; mais que les ſecouſſes font moins
de ravages ſi les rues ſont dirigées de
l'Orient à l'Occident. A Smirne en
1688 , les vibrations ſe firent ſentir
d'Occident en Orient ; les murs du
Château de cette Ville , qui étoient
dans cette direction , furent abattus ;
mais ceux qui alloient du Nord au
Sud , réſiſtérent aux commotions. Le
retentiſſement qui ſe communique aux
maſſes iſolées ſur la ſurface de la terre
trouve plus de priſe dans les murs diſ-
poſés ſuivant la direction de ſes ſecouſſes : car ſe diſtribuant ſucceſſivement
dans toutes les parties , il les déſunit
avec plus de facilité. Ceux qui croi-
ſent cette direction recevant en même
temps l'impreſſion d'une ſecouſſe y
obéiſſent de même , & l'écroulement
ne doit pas s'enſuivre.

10°. Les ſecouſſes doivent ſe faire
ſentir dans les mers parſemées de chaînes de montagnes ; mais elles ont cela
de particulier qu'elles s'annoncent dans
les bâtimens par une commotion aſſez
ſemblable à celle que produiroit un
poids de 20 ou 30 quintaux qu'on jet-
teroit ſur le leſt , d'un endroit élevé.
Les vaiſſeaux ſe tourmentent quoique

la furface de la mer foit tranquille ; les canons fautent de leurs affuts, & plufieurs Navigateurs ont cru avoir donné contre des rochers. * Ce ne peut être qu'un mouvement de retentiffement qui produife ces effets. La furface de l'eau de la mer étant unie, le fond ne doit pas être foulevé ni déplacé, il retentit feulement contre l'eau, & l'eau contre les flancs du vaiffeau.

11°. Si le foyer de l'explofion fe trouve placé ou à l'extrémité d'une branche collatérale ou dans des pays plats, les fecouffes ne fe tranfmettent qu'à une très-petite diftance: le foyer n'étant pas également foutenu, porte fes efforts vers l'extrémité de la branche où il trouve moins de réfiftance, & la commotion pénétre peu dans le tronc. Vous voyez par là qu'on ne doit pas placer le foyer à Lifbonne, ni dans la partie de l'Afrique la plus maltraitée: lorfqu'il fe trouve dans un pays plat, aucun levier qui

---

* Voyez le Gentil, *loco citat.* & *Shaw.* Celui-ci ajoute que quelques Navigateurs avoient éprouvé ces commotions à 40 lieues à l'Oueft de Lifbonne ; & dans ce dernier Tremblement plufieurs Navigateurs ont reffenti les fecouffes en mer à plus de 150 lieues des côtes d'Efpagne.

puiffe communiquer fes fecouffes n'y aboutiffant, l'ébranlement doit fe diftribuer dans toute la maffe de la terre qui l'environne & s'étendre peu par conféquent.

Les autres phénoménes, comme les terreins qui s'affaiffent ou bien qui s'élevent; les fources d'eau qui tariffent & qui reparoiffent enfuite ou dans le même endroit ou dans d'autres; les mouvemens de la mer qui s'éloigne des rivages ou qui rompt fes barrieres & inonde les terres, font des effets qui viennent fe placer trop naturellement parmi les conféquences du méchanifme adopté, pour exiger une difcuffion particuliére.

Vous pouvez vous convaincre, Monfieur, de la juftefle des principes par leur application aux phénoménes. Le méchanifme eft fimple; les piéces qui le compofent, les agens qui les meuvent peuvent fe vérifier par l'infpection des lieux où toute cette grande machine à joué. Je préfume avec quelque fondement que les détails qu'on pourra recueillir fur les événemens paffés, fe rangeront fans effort, & comme des conféquences naturelles, fous les loix du plan fyftêmatique que je viens de tracer. C iij

Mon but, en répandant ces vûes dans le public, a été de rendre les obfervateurs finguliérement attentifs aux circonftances particuliéres & locales qui font capables de nous faire faifir avec précifion la marche de la nature ; tout ce qui eft vague n'éclairant jamais affez pour qu'il en réfulte quelque inftruction folide ou une théorie intéreffante. Bien loin d'affujettir la nature à ne point s'écarter des limites que je parois lui circonfcrire, je me fens affez de courage pour foutenir la difcuffion des faits, & affez peu de prévention pour craindre de ne pas être défabufé lorfqu'elle s'expliquera d'une maniére non équivoque contre mon hypothéfe. Il eft à defirer qu'on continue à s'affurer fi les lieux où les fecouffes ont été les plus violentes, font fitués fur l'extrémité des branches de montagnes, comme ils le paroiffent à l'infpection du globe ; fi les fecouffes fe font exécutées par des balancemens qui agitoient les objets fuivant une direction horifontale, & non par des boutades & des foulevemens irréguliers, &c. Les défaftres fe font malheureufement trop multipliés pour ne pas offrir ces variétés d'effets qui nous

donnent lieu de faifir au milieu des dif-
férences acceffoires, le point effentiel
qui les réunit & qui les caractérife ;
comme d'être placés fur les chaînes de
montagnes ou fur les branches , &c.
Au refte, Monfieur, je confens très-
fincérement à laiffer mes vûes pour ce
qu'elles font, & à voir la Phyfique ré-
duite à des peut - être fur cette ma-
tiére, fi elle ne devoit acquérir des
obfervations décifives que par une fuite
de nouveaux défaftres. Mais je penfe
que nous pouvons profiter de nos mal-
heurs ; & qu'il eft toujours permis & utile
d'envifager la Nature jufques dans fes
écarts les plus terribles, furtout lorfque
les lumiéres qu'on tirera de cet exa-
men peuvent nous conduire aux moyens
ou d'en prévenir ou d'en diminuer les
effets. Qui feroit difficulté de choifir des
emplacemens dans des plaines, ou de
tranfporter dans des vallons préfervés
des tremblemens , des habitations qui
ont éprouvé les fecouffes à plufieurs reprifes, comme Lifbonne ? &c. Le bien
de l'humanité femble lié à ces idées que
je vous ai préfentées d'abord fous le
ton d'une hypothéfe peu intéreffante.

Si les démarches extérieures de la
Nature fe trouvent conformes à nos

C iiij

vûes, vous ne ferez pas difficulté d'en tirer les mêmes conféquences que je viens d'indiquer. Mais par rapport à l'activité & à l'étendue du méchanifme de la propagation des feçouffes, vous refteroit-il encore des fcrupules ? Je me fuis contenté de l'expofer fans difcourir longuement fur les objections qu'on pourroit faire, que j'ai prévues en partie & que je difcuterai par la fuite. Si vous n'avez rien de plus décifif que vos fcrupules à lui oppofer, je vous dirai que vous ne pouvez pas mefurer les forces de la nature fur nos foibles imitations, & confidérer comme impoffible un effet qui devient poffible par des agens dont vous ignorez la puiffance ou fon application : agens que je vous ai fait envifager par des appropriations groffiéres. Je n'aurai pas recours, pour vous perfuader, à des analogies qui vous paroîtroient peut-être plus brillantes que folides. Je ne vous dirai pas que l'électricité peut vous fournir des motifs très-puiffans, & des préfomptions très-fortes pour admettre cette propagation fi prompte & fi étendue : fi l'explofion d'un canon, vous ajouterois-je, a électrifé les vitres du Tréfor de Lon-

dres, le foyer rempli de matiéres enflammées dans fes explofions infini-
ment plus confidérables n'électrifera-
t-il pas les chaînes de montagnes que j'ai
diftribuées fur la furface des continens,
qui feront l'office d'énormes conducteurs & qui tranfmettront comme eux
les commotions par les angles & par
les pointes ? Je n'appuyerai pas ces
premiéres idées qui vous plaifent, fur
des expériences délicates & très-cer-
taines, qui nous prouvent que la propagation des commotions par un fil
de fer très - long, eft prefqu'inftanta-
née, & fe porte à des diftances très-
confidérables fans paroître affujettie
à une fucceffion bien fenfible dans fa
marche. Je ne vous ferai pas envifager, par une fuite de ces préténtions,
nos groffes maffes de montagnes ifolées fur des bafes ou plateaux de fables ; le fluide électrique répandu dans
l'air & s'annonçant par des globes de
feu & d'autres météores ; enfin tout
l'attirail d'un laboratoire électrique
dans la communication des Tremblemens de Terre. Vous m'objecteriez
fans doute que la Nature n'eft pas
obligée d'imiter des opérations groffiéres imaginées pour la copier : qu'elle

ne doit pas fuivre actuellement les pro-
cédés électriques précifément , parce
que nous nous en occupons davantage ;
que cet appareil de montagnes qui fer-
vent de *conducteurs*, qui *s'électrifent*, qui
font *ifolées* fur des lits de fable, n'eft qu'un
jargon philofophique que la Phyfique
a acquis depuis quelque temps , fans
nous fournir des faits affez lumineux
pour produire des idées nettes qu'on
puiffe attacher à ces termes.

Eh bien ! Monfieur, fi vous ne m'en
croyez pas, ce que je n'ofo exiger ici de
votre amitié ni de votre difcernement,
croyez donc tous ces contes & ces for-
nettes fçavantes qui fe débitent de tous
côtés : on incline l'axe de la terre , on
rapproche Saturne, Mars , &c. on ag-
grandit les jours, &c. futilités qui fe dé-
truifent par elles-mêmes dans les bons
efprits , mais qui jettent dans ceux
du plus grand nombre de funeftes
perplexités : fiez-vous-en aux prédic-
tions de ceux qui veulent fe rendre
importans en fe rendant terribles , &
qui calculent les démarches futures des
fecouffes pendant qu'elles s'obftinent à
ne pas plus refpecter leurs ordres géo-
metriques que les bâtimens de Lifbonne.

Vous trouverez plus de confolation

dans le plan que je viens de vous expofer. J'ai cru qu'un écrivain fage de voit s'attacher au confeil de Sénéque : il penfe que, dans ces * circonftances, on doit avoir l'attention de raffurer les efprits des perfonnes crédules contre les fraïeurs qui les tourmentent. Cependant ce difcoureur qui fe propofe cet objet, étale de grandes raifons pour prouver qu'on doit fe confoler parce qu'il n'y a aucun pays d'exempt ; que la crainte du danger n'eft pas raifonnable, parce qu'un homme n'occupe qu'un très-petit coin dans l'univers & qu'il ne doit pas fe croire affez important pour redouter des défaftres au milieu defquels il peut difparoître fans conféquence. Comme fi un homme n'étoit pas très - raifonnable de fe croire le centre de tout, & de penfer que la ruine de l'univers eft attachée à celle de fa perfonne. Mais c'étoit là le ton de la Philofophie ancienne, nous cherchons aujourd'hui celui du citoyen & du patriote.

J'ai établi fur une fuite de faits conftans, deux vérités qui peuvent nous raffurer : la premiere, que les feules ex-

---

* In hoc tempus congruens cafus : quærenda funt trepidis folatia ac demendus ingens timor, Quæft. Natur. Lib. V. cap. I.

trémités des chaînes ou des branches collatérales qui communiquoient au foyer , étoient expofées aux fecouffes violentes : la feconde, que le foyer étoit éloigné de nous & que le retentiffe-ment qui pourroit y parvenir en fuivant les ramifications , s'annonceroit feu-lement par des ofcillations dans les eaux ou par des vibrations peu dangereufes.

Les volcans de l'Auvergne ont épuifé tous ces amas de matiéres capables de nous caufer plus que des allarmes : ainfi la nature eft tranquille dans le beau pays que nous habitons. Heureux ! fi nous fçavons profiter de cette tranquillité à laquelle fon état de repos nous invite ; & fi les caufes morales ne produifent plus de ces agitations prefqu'auffi funeftes que les défaftres des caufes Phyfiques. Nous avons tout lieu d'efperer ce dou-ble avantage : mais en nous raffurant , plaignons nos voifins , & ne leur inful-tons pas. Les démarches de la Nature en grand ont droit de nous étonner dans quelque lointain qu'elles foient apper-çues. Le Phyficien n'y découvre que du bitume , du fouffre , des miné-raux , des pirites qui fermentent & qui s'enflamment , des montagnes agi-tées ; mais un Philofophe voit un bout de levier ébranlé & les peuples de vaftes continens dans la défolation ou dans les allarmes : fous ce point de vûe, quelles reffources n'a donc pas, s'écrie-t-il, le fuprême Moteur de toutes chofes, pour faire redouter fon courroux à ceux qui ont tout lieu de le craindre, & pour reveiller par des avis falutaires ceux qui feroient tentés de s'oublier ?

A Paris, ce 30 Décembre 1755.

POST-SCRIPTUM.

Il ne fera pas inutile, puifque le temps me le permet, de vous faire obferver que les détails qu'on reçoit tous les jours confirment les idées que je vous ai développées. Je ne vous parlerai pas des différentes villes d'Efpagne, de Portugal & de l'Afrique adoffées toutes aux chaînes collatérales : je remarquerai feulement que les fecouffes qui ont été les plus violentes pour le Portugal & l'Afrique, fe font tranfmifes les mêmes jours à des diftances très-grandes ; telles font celles du premier, du 18, du 27 Novembre ; le 9 & le 11 Décembre, jours où l'on a reffenti des fecouffes en Baviére, Lifbonne a

éprouvé un nouveau Tremblement.
En Angleterre on a reſſenti à Irton le
17 Novembre dans le Duché de Cumberland & dans le Comté d'Héreford,
un Tremblement de Terre qui a ren-
verſé quelques maiſons. Ces violentes
commotions ſe ſont tranſmiſes par une
chaîne qui ſe continue directement
ſous l'eau, depuis les Açores ou aux
environs juſqu'au Duché de Cumberland. Il y a eu des Tremblemens dans
le Groenland & dans l'Iſlande, pendant
les mois de Septembre & d'Octobre,
mais ces ſecouſſes ont pu avoir d'autres principes que celles de l'Europe.
Il me reſte à vous parler d'une circonſ-
tance que j'avois prévûe, pag. 36. c'eſt
le retentiſſement qui s'eſt communiqué aux côtes Orientales de l'Amérique, correſpondantes à la chaîne qui y
aboutit par les Açores. Le 18 Novemb.
la ville de Boſton a ſouffert pluſieurs
ſecouſſes, il eſt tombé un grand nombre
de cheminées & la mer s'eſt enflée. Il
y a eu à la Barbade, à Antigoa & dans
la plupart des autres Iſles une agitation
dans les eaux ſemblable à celle qu'on
a remarquée en divers endroits de l'Europe. Le même jour 18 Novembre,
il y a eu de fortes ſecouſſes à Philadel-

phie & dans la Nouvelle-Yorck. Or,
toutes ces ifles, toutes ces côtes font
liées par la continuation de nos chaînes, ainfi que le Groenland. C'eft un
effet du recul de la bouche à feu, qui
a tourné fon action principale contre
l'Europe, où le 18 Novembre a été
auffi marqué par des fecouffes. Le foyer
paroit plus près de l'Europe que de l'A-
mérique. L'on a découvert à quelques
lieues de Cadix, un rocher à fleur
d'eau & qui paroit avoir été produit
par les explofions des matiéres enflammées qui ont retenti en différens endroits.

F I N.

www.ingramcontent.com/pod-product-compliance
Lightning Source LLC
LaVergne TN
LVHW022327170726
843503LV00006B/2748